AF463318

LE TRÉSOR DU VIGNERON ET DU CULTIVATEUR

CONTENANT

La Méthode simple et économique pour quadrupler le rendement du raisin à la vendange.

La Méthode pour faire soi-même dans tous les ménages un bon vin de raisins secs. — Quantité de renseignements très utiles à toutes les classes de la société et particulièrement aux viticulteurs et cultivateurs. — Les adresses de négociants, industriels à même de fournir les outils, machines et produits spéciaux, nécessaires dans les grandes et dans les petites exploitations, dans tous les ménages, etc., etc.

PAR

Ch. P. DIDELOT

VITICULTEUR

En vente A NANCY, chez l'auteur

34, Rue des Quatre-Eglises, 34

ET CHEZ TOUS LES LIBRAIRES

LE TRÉSOR

DU

VIGNERON & DU CULTIVATEUR

Ne pas confondre ces diverses méthodes avec celles prônées jusqu'à ce jour ; c'est après bien des expériences que j'ai réussi à faire produire au raisin tout ce qu'il possède. Tout travailleur intelligent réussira en suivant ma méthode de point en point et en employant des marchandises de première qualité ; car, il ne faut pas se le dissimuler, on ne peut rien faire avec rien, et le point essentiel pour une bonne réussite est l'emploi de matières d'une qualité irréprochable.

Pour se procurer les produits spéciaux, marchandises diverses, outils et machines dont ils auront besoin, mes lecteurs sont priés de consulter les adresses qui se trouvent à la fin de cet ouvrage. Je ne saurais trop leur recommander ces Maisons qui sont de tout premier ordre ; ils en auront la preuve en remarquant le grand nombre de récompenses qu'elles ont obtenues partout.

Depuis nombre d'années, nos divers vignobles ne produisent que peu ou pas de vins ; j'ai cru être agréable aux viticulteurs, aux classes agricoles et ouvrières, en leur donnant le moyen aussi simple économique de quadrupler et même quintupler le produit du peu de raisins qu'il aura plu à la nature de leur donner. J'engage sincèrement les personnes qui ont à cœur leur intérêt à employer ma méthode, car, si je me suis décidé à la vulgariser, c'est sur les instances d'un grand nombre de propriétaires chez qui elle a été expérimentée, et dont la réussite n'a rien laissé à désirer sous tous les rapports. Je suis persuadé qu'en la vulgarisant elle répandra, dans le sein de nos malheureux vignobles, la santé, la force et le courage, la gaieté, et, par suite, le bien-être.

Je ne suis pas marchand ; mes lecteurs devront donc consulter les annonces pour se procurer ce qui leur est nécessaire ; toutefois, je suis entièrement à leur disposition pour tous les renseignements dont ils auraient besoin. Je répondrai par courrier à toute lettre contenant un timbre pour affranchissement.

A l'exception de quelques produits œnologiques indispensables pour la bonne tenue et la conservation des vins, les principales matières employées dans ma méthode sont l'eau et le sucre.

L'eau bien limpide de puits, de source ou de rivière devra seule être employée. Le travail sera opéré avec la plus grande propreté.

Le sucre de canne, de betteraves raffiné est le meilleur ; il ne faut faire usage que des sucres blancs très purs et s'abstenir d'employer les sucres bruts ou cassonade, les glucoses, dit sucres de grain, de froment, de fécule, car, outre qu'il en faut une plus grande quantité, ils communiquent aux mauvaise odeur au vin ; du reste, il y a tout avantage à employer les sucres blancs en pains ou les sucres cristallisés en poudre. Les sucres employées au sucrage des vendanges bénéficiant d'une réduction de 30 francs sur les droits perçus par l'Etat, on peut se les procurer à très bon compte. D'après cette loi, on est autorisé à employer 23 kilogrammes de sucre par hectolitre de vendange. Pour travailler suivant ma méthode cette quantité sera suffisante certaines années, mais lorsqu'on aura que des raisins à peine rouges il faudra employer une certaine quantité de sucre à droits entiers, cette quantité de 23 kilog par hectolitre de vendange ne suffirait pas, car non seulement il faut sucrer l'eau, mais il faut aussi augmenter la quantité de sucre de façon à rehausser le degré du jus du raisin lui-même. En général, il faut arriver à produire un vin de 7 à 8 degrés, ce qui est la moyenne d'une partie de nos vignobles de l'Est, la quantité de sucre à employer indiquée dans ma méthode est basée pour arriver à ce chiffre ; néanmoins l'oppérateur pourra, à sa guise, augmenter le degré d'alcool suivant qu'il le désirera en ajoutant [illegible] 700 grammes de sucre pour chaque degré et [illegible] hectolitre ; toutefois, on ne devra pas (sauf les [illegible] exceptionnelles) dépasser 10 à 11 degrés, ni descendre au-dessous de 6 degrés.

L'œnotanin.

(Voir aux annonces, Maison Appert.)

[illegible] produit est favorable à l'hygiène des vins [illegible] à la santé du consommateur ; ne [illegible] rien d'étranger à la composition du vin [illegible] même, il est d'un emploi aussi licite que les clarifiants. Délayer la dose indiquée dans un peu d'alcool ou du vin sur lequel on veut opérer, battre fortement et introduire cette dissolution en même temps que l'on entonne dans les fûts en agitant pour opérer le mélange.

Les clarifiants.

De tous les clarifiants, je conseillerai l'emploi de ceux dont la préparation est la plus simple.

La *Pulvérine d'Appert* est un des plus anciens et ne coûte que 5 ou 10 centimes par hectolitre de vin, suivant le vin. *Poudre de blancs d'œufs*, *Œnoclarificateur*, *Gélatine de la* MAISON APPERT. (Voir aux annonces.)

L'*Oveine Lebeuf*, poudre-colle composée de blancs d'œufs desséchés et d'albumine épurée, ne coûte que 5 ou 10 centimes par hectolitre. (Spéciale pour les vins fins.)

La *Poudre Anglaise*, la *Poudre Parisienne*, la *Pulvérine Lebeuf*, de la Maison F. VICTOR LEBEUF et Cie. (*Voir aux annonces.*)

Tous ces clarifiants peuvent être employés avec succès. Le mode d'emploi est indiqué sur chaque boîte ou paquet.

Les colorants.

De tous les colorants artificiels, la *Teinte Bordelaise* est, sans contredit, le seul qui puisse être employé avec succès, parce qu'il conserve les vins, tout en relevant leur couleur ; il ne dépose pas ; il contient le tanin, les sels et la couleur du vin. La fabrication et la vente en sont permises ; ce produit est employé depuis plus d'un siècle ; il ne contient pas un atome de fuschine ni d'aniline. Il donne à l'analyse chimique les mêmes principes que le vin naturel, l'alcool excepté. 1 à 2 litres par hectolitre suffisent pour conserver, améliorer les vins factices de raisin sec et de deuxième cuvée, et relever leur couleur par un simple mélange. Il est exempt de toute matière nuisible à la santé.

Je ne saurais trop engager mes lecteurs à se défier de certaines poudres colorantes, caramels ou couleurs rouges liquides que l'on vend dans le commerce et qui ne sont pas autre chose que des composés prohibés, de couleurs d'anniline ou des dérivés de la fuschine.

On peut aussi relever la couleur des vins par des mélanges de gros vins nature du Roussillon, Espagne ou Italie.

La fermentation.

Pour obtenir une fermentation régulière, on devra placer les cuves à l'abri des changements subits de température ; c'est-à-dire éviter de les placer sous un hangar au grand air comme cela se pratique dans la plupart de nos vignobles ; clouer un balai ou un fagot de sarments au trou pratiqué au bas de la cuve afin d'empêcher le marc de passer ou de boucher ce trou au moment du soutirage. Le marc dans la cuve, le refouler afin de le faire baigner dans le liquide et l'y maintenir au moyen d'un fond en planches mal jointes que l'on jette dessus ; on maintient ce fond sur le marc au moyen de barres de bois placées en travers et retenues par de petits tasseaux cloués au bord de la cuve, c'est-à-dire qu'il faut que le marc baigne constamment dans le liquide pendant la fermentation ; lorsque l'on verra que la fermentation est apaisée ou à peu près terminée, on retirera le faux fond et on refoulera complètement le marc dans le jus, après quoi on laissera remonter le marc à la surface et le lendemain on tirera le vin que l'on entonnera dans des fûts méchés.

DE LA VENDANGE

A la vendange, jeter toutes les graines pourries, mais cueillir les raisins verts aussi bien que les autres surtout pour opérer suivant ma méthode.

Opérations pour quadrupler le rendement du raisin.

1re Opération. — Broyez vos raisins au moyen du fouloir à vendange de façon que les grains verts soient écrasés, jettez-les au pressoir, tirez le jus et entonnez-le dans des fûts de 6 à 7 hectolitres (sans être méchés) de préférence. N'emplissez ces fûts qu'à moitié, soit un fût de 6 hectolitres, n'y mettre que 3 hectolitres de jus, en ayant soin de répartir le liquide boueux, c'est-à-dire *en mettre une partie égale dans chaque fût*. Emplissez ces fûts avec de l'eau sucrée à raison de 12 kilog. de sucre par hectolitre d'eau chauffée à 30 degrés ; délayez de 10 à

25 grammes d'œnotanin par hectolitre selon que les raisins sont plus ou moins sucrés (plus le raisin est sucré plus on doit forcer la dose), faites dissoudre 200 gr. d'acide tartrique par hect. d'eau, introduisez le tout dans la masse et battez fortement comme pour le collage afin de bien mélanger et laissez fermenter.

2e Opération, 1re cuvée. — Jettez le raisin pressuré dans votre cuve à fermentation, arrosez-le avec la même quantité d'eau sucrée (12 kilog. de sucre par hectolitre et chauffée comme ci-dessus), que vous aurez tiré de jus de ces raisins, refoulez le marc au fur et à mesure que vous mettez l'eau, jetez le faux fond pour maintenir le marc dans le jus. Couvrez votre cuve de couvertures humides et abandonnez à la fermentation. La fermentation terminée, tirez le vin et entonnez-le dans des fûts méchés, puis recommencez une seconde cuvée sans presser le marc.

3e Opération, 2e cuvée. — Jetez sur le marc de la 1re cuvée autant de fois 80 litres d'eau (sucrée et chauffée comme ci-dessus) que vous aurez tiré d'hectolitres de vin ; après fermentation, tirez le vin et pressez le marc cette fois, et mélangez le vin de pressoir avec celui que vous aurez tiré de cette 2e cuvée, entonnez dans des fûts méchés comme ci-dessus, délayez 10 à 15 grammes d'œnotanin et mélangez-le comme à la première opération.

Conservation du marc

(pour faire ultérieurement une ou deux autres cuvées).

Le marc pressuré, émiettez-le et jetez-le dans un tonneau à portière en le tassant au fur et à mesure, autant que possible employez un tonneau qui ne contienne que juste le marc, c'est-à-dire qu'il soit bien plein ; malgré cela il restera du vide, pour combler ce vide, on versera dans le tonneau de l'eau chauffée à 15 degrés et sucrée à 3 kilog. de sucre par hectolitre, jusqu'à ce que l'eau reste sur le marc, puis on fermera hermétiquement le tonneau. L'eau sucrée redonne une petite fermentation, on retirera le liège de la portière pour s'assurer que le gaz ne s'y trouve pas en trop grande quantité, puis on rebouchera de façon à ne pas laisser d'air. On aura soin de retourner le tonneau de bout tous les deux jours afin que le fond supérieure ne se dessèche pas, et de le conserver dans un endroit frais. Le marc ainsi traité peut se conserver un an et plus.

Débourrage.

Le débourrage a pour but de séparer les vins de leurs plus grosses lies.

Pour cette opération comme pour les soutirages, je ne saurais trop recommander de se servir de la pompe. Ce petit instrument, qui est à la portée de toutes les bourses, doit se trouver dans la cave de tout viticulteur soucieux de ses intérêts ; vous avez une pompe à eau dans votre cour, pourquoi n'auriez-vous pas une pompe à vin dans votre cave ? En vous servant de cet instrument, vous évitez de passer votre vin au contact de l'air vicié de la cave ou du cellier, lui épargnant ainsi de contracter le germe de bien des maladies ; en un mot l'ouvrage se fait plus rapidement et sans perte de liquide, et votre vin ne perd pas un atome de son arôme ou de son alcool.

La Maison Broquet, à Paris (*v. aux annonces*), tient à la disposition des viticulteurs et cultivateurs, une pompe qui non seulement remplira le but ci-dessus, mais leur servira aussi en cas d'incendie, arrosage, épuisement et transvasement de toutes sortes de liquides. Cette pompe, avec tous ses accessoires, est d'un prix des plus modique. Demander le catalogue ou s'adresser à M. Didelot, à Nancy (34, rue des Quatre-Eglises), qui donnera tous les renseignements désirables.

Lorsque les vins des trois opérations ci-dessus seront à peu près dépouillés de leurs plus grosses lies (fin décembre par un vent du nord et un temps sec), on procédera au soutirage et au mélange de ces trois vins en l'entonnant dans des fûts méchés et en ajoutant 100 gr. d'acide tartrique par hectolitre, puis on le collera.

Le vin de la 1re opération n'a pas de couleur et se consomme dans bon nombre de pays sous le nom de vin gris, on pourra donc l'écouler ainsi ; dans le cas où on le mélangerait avec les deux autres cuvées, il devra emprunter sa couleur à ceux-ci et à leur détriement ; on relèvera la couleur en y ajoutant la teinte bordelaise en quantité suffisante pour obtenir la couleur des vins de l'année. Il n'est pas possible d'indiquer la quantité de teinte bordelaise à employer, c'est à l'opérateur d'en régler l'emploi ; pour se fixer sur la quantité à employer, on opère à titre d'essai dans quelques litres du vin mélangé, tel qu'il doit être dans les fûts. Il faut avoir soin d'introduire la teinte bordelaise au fur et à mesure que l'on entonne le vin, battre fortement, afin de bien opérer le mélange et coller aussitôt.

Si on désire donner un bouquet quelconque, on devra le faire au moment du collage. Pour les vins ordinaires, on peut employer le bouquet de framboise dans de légères proportions ; il donne du moelleux et un arôme délicat.

Conservation et préparation des lies

(pour la fabrication des vins de raisins secs.)

Les soutirages terminés, tirez les lies de vos fûts y compris la *boue* la plus épaisse, mélangez ces lies de façon que la boue se trouve délayée avec le liquide, passez au travers d'un tamis d'étoffe de soie fine, afin d'écarter les grosses saletés (pépins de raisin, pierres, etc.) qui pourraient s'y trouver, et entonnez ce liquide dans un fût où vous aurez percé deux trous au fond, un le plus bas possible, et l'autre douze à quinze centimètres plus haut et laissez déposer ; on peut conserver ainsi la lie fraîche pendant des années. Pour s'en servir, on procédera de la manière suivante : par le trou supérieur pratiqué au fond du fût, on tire le vin qui est monté sur les lies ; on tire ensuite par le trou inférieur la lie qui est à l'état pâteux, on met dans un vase bien propre 3 litres de cette pâte, on fouette énergiquement au moyen d'un balai en fil de fer ou d'une poignée d'osier, afin de la faire renfler, une fois renflée, on y ajoute peu à peu, en continuant de fouetter, du jus sucré de raisins frais ou secs (du jus de cerises ou autres fruits sucrés suivant la saison), de façon à produire un volume de 7 à 8 litres ; on place le vase (qui doit contenir au moins 12 litres) près du feu ou dans un endroit quelconque à la température de 30 à 35 degrés; au bout de 1 h. 1/2 ou 2 heures, ce levain monte et finirait par déborder du vase, c'est le moment de l'introduire dans la masse à mettre en fermentation ; cette quantité est suffisante pour 6 à 8 hectol. de vin fait avec le marc conservé. Pour les vins de raisins secs seuls, il faut cette quantité pour 3 ou 4 hectol.

Il faut faire les levains dans plusieurs vases lorsqu'on aura de grandes quantités à mettre en action.

Utilisation du marc conservé.

Pour cette opération, on se basera sur la quantité de marc dont on peut disposer. On peut faire autant d'hectolitres de vin qu'on en a tiré de la 2e opération (1re cuvée).

Mettez dans une cuve à part autant de fois 20 kilog. de raisins secs que vous voulez faire d'hectolitres de vin, arrosez ces raisins avec de l'eau froide de façon qu'ils ne fassent que baigner et laissez macérer pendant 2 ou 3 jours ; lorsque les grains de raisins seront renflés, retirez le marc conservé et jettez-le dans votre cuve à fermentation, tirez le jus dans lequel vos raisins secs ont macérés et arrosez le marc avec ce jus ; broyez vos raisins secs et faite votre levain de lies avec le jus sucré de ces raisins ; pendant que votre levain renfle, arrosez votre marc avec de l'eau chauffée à 30 degrés dans laquelle vous aurez fait fondre 80 grammes d'acide tartrique par hectolitre, et jetez vos raisins secs broyés dans la cuve à fermentation en refoulant énergiquement pour mélanger le tout ; lorsque votre ou vos levains seront renflés, introduisez-les dans la masse et refoulez de nouveau ; pendant la fermentation, il faudra au moins 2 fois par jour refouler le marc dans le liquide et bien couvrir la cuve de couvertures ou de draps humides ; après fermentation, soutirez et entonnez dans des futs méchés, puis recommencez une seconde cuvée sans présurer en jettant sur le marc autant de fois 70 litres d'eau (dans laquelle on aura fait dissoudre 80 grammes d'acide tartrique par hectolitre) chauffée à 30 degrés et sucrée à 10 kilog. de sucre par hectolitre que vous aurez tiré d'hectolitre de vin, refoulez le marc pour bien mélanger et servez-vous de ce jus pour faire un levain que vous introduisez comme ci-dessus ; pendant la fermentation et 2 fois par jour, refouler le marc dans le jus, après quoi vous soutirerez et entonnerez comme il a été dit, pressurez le marc cette fois et mélangez le vin de pressoir avec cette dernière cuvée. Environ un mois après, soutirez dans des fûts méchés et mélangez ces deux vins en y ajoutant par hectolitre 200 grammes de *durcisseurs des vins,* collorez à la teinte bordelaise ou au Roussillon et collez.

En ajoutant à ce vin au moment du collage un léger bouquet de bourgogne, on aura nn petit vin de table exquis et qui ne le cédera en rien à celui que boivent sous le nom de petit bourgogno, bon nombre de consommateurs.

Après que l'on aura fait les deux dernières cuvées, on peut distiller le marc et on obtiendra de l'eau-de-vie d'aussi bonne qualité et quantité que si le marc n'avait subit aucune manipulation et qui payera largement le temps passé à tout ce travail.

Recommandation expresse.

Il faut avoir soin de bien se rendre compte avant de commencer une opération, que tout soit bien compris afin de ne pas faire de fausses manœuvres ; je m'explique le mieux possible pour me faire bien comprendre ; dans le cas où on ne serait pas bien sûr de quelque chose, il est préférable de m'écrire, en mettant un timbre de 0 fr. 15 c. dans la lettre, je répondrai de suite à toutes demandes de renseignements.

Ch. DIDELOT,

34, rue des Quatre-Eglises, Nancy, (Meurthe-et-Moselle).

LES RAISINS SECS

Pour la fabrication des vins de raisins secs, on ne saurait trop recommander d'employer des produits de 1re qualité, et ne pas regarder à une différence de prix qui la plupart du temps est insignifiante, pour se procurer des raisins sur la richesse desquels on puisse se baser pour arriver à un rendement sérieux.

Les raisins secs extra doivent produire de 30 à 32 degrés d'alcool par 100 kilog., et les meilleurs sortes à employer sont les *corinthe* et les *thyra* ; employer de mauvaises marchandises sous prétexte du bon marché c'est s'exposer à un piteux résultat quand ce résultat n'est pas absolument nul, car il n'est pas rare de voir des personnes qui boivent sous le nom de vin de raisins secs, de l'eau dans laquelle ont macéré quelques kilog. de raisins qui n'ont même pas fermenté, c'est de l'eau sucrée et ne contenant pas un atome d'alcool, c'est donc de l'argent perdu ; aussi est-il préférable d'employer de bonnes marchandises, quitte à diminuer le degrés d'alcool pour réaliser le bon marché ; malgré cela, on aura encore une boisson saine et agréable ; mes lecteurs devront se méfier des offres à bas prix, en les acceptant, ils s'exposent à perdre leur temps et leur argent.

Méthode pour faire 600 litres de vin de raisins secs.

L'opération doit se faire dans une cuve ou un tonneau défoncé d'un bout, au bas duquel on aura percé un trou pour le soutirage. Devant ce trou, en dedans de la cuve, clouez un balai de ramilles ou un petit fagot de sarment, afin d'empêcher les grains de raisins de passer avec le liquide et même de boucher ce trou.

Jetez dans la cuve, en ayant soin de les émietter, 100 kilog. de raisins secs, arrosez ces raisins avec 100 litres d'eau froide, mélangez bien le tout en remuant avec une fourche ou autre instrument et laissez macérer pendant deux jours. Lorsque les grains seront bien renflés (pour faciliter le broyage des raisins), tirez l'eau dans laquelle ils ont macéré et broyez-les avec une bûche de bois, avec les pieds, ou mieux encore au moyen du fouloir à vendange ; mettez de côté 7 ou 8 litres de jus sucré de ces raisins et rejetez dans la cuve l'eau que vous avez tiré, en y ajoutant 150 litres d'eau chauffée à 40 ou 45 degrés, brassez pour mélanger le tout ensemble, faites votre levain de lies et jetez-le dans la cuve. Remuez pour mélangez de nouveau et laissez au repos en ayant soin de bien couvrir l'orifice de votre cuve, avec des couvertures ou draps humides, au bout de deux jours c'est-à-dire lorsque la fermentation commencera, jetez de nouveau dans la cuve 150 litres d'eau chauffée à 30 degrés et 50 grammes d'œnotanin délayé dans du jus de la cuve, remuez de nouveau pour mélanger et abandonnez à la fermentation. Pendant la fermentation, remuer 2 ou 3 fois par jour; la fermentation terminée, tirez le vin et entonnez dans des fûts méchés, en ayant soin d'entonner le vin aussitôt que la mèche sera sorti du fût c'est-à-dire que le vin ne fasse que traverser la fumée et la fasse sortir.

Recommencez une 2e cuvée sans presser le marc en jetant dessus, le premier jour 100 litres d'eau chauffée à 30 degrés et sucrée à 12 kilog. de sucre par hectolitre, ajoutez le levain de lies, que vous faites avec l'eau sucrée lorsque vous avez bien lavé le marc. Le lendemain, ajoutez encore 125 litres d'eau chauffée à 30 degrés et sucrée à 12 kilog. de sucre par hectolitre et abandonnez à la fermentation. La fermentation terminée, soutirez et pressez le marc cette fois, mélangez ce second vin avec le premier. Le mélange terminé, délayez dans un vase bien propre, 15 grammes d'œnotanin par hectolitre et versez-le dans vos fûts; battez le tout comme pour le collage et le lendemain collez à forte dose, lorsque le vin sera clair, soutirez-le dans des fûts méchés de nouveau, colorez à la teinte Bordelaise ou au roussillon, et pour le rendre bien supérieur ajoutez un léger bouquet de bordeaux ou bourgogne, à votre choix.

Les propriétaires, cultivateurs, et, en général, toutes les personnes ne possédant pas de vignes, peuvent, en toute sûreté, faire leurs vins eux-mêmes avec les raisins secs, en suivant ma méthode ; de plus, les marcs de ces raisins leur procureront une eau-de-vie qui compensera largement leur temps passé à ce travail.

Les divers appareils de distillation qui figurent aux annonces seront de grande utilité en cette circonstance, car ils peuvent faire des eaux-de-vie de grains, de betteraves ou tout autres détritus, en aussi petite quantité qu'ils le désireront, pour leur consommation et celle de leur personnel, ou de l'alcool, pour les besoins journaliers. Chacun trouvera ainsi une source de bénéfice et de bien-être incontestable, car les résidus des denrées servant à la distillation peuvent encore être utilisés avec profit certain à la nourriture du bétail. Quel que soit le prix mis à l'acquisition d'un instrument tel que ces alambics, il est bien certain que ce n'est pas une dépense inutile, car il suffit de quelques distillations pour la rembourser.

Demander catalogues et renseignements à chacune de ces maisons.

Eaux-de-vie de betteraves.

Après avoir lavé proprement et enlevé la pourriture des betteraves, il faut les râper ou les écraser, et en extraire le jus par forte pression. Pour 50 ou 60 litres de ce jus, délayez dans un vase bien propre 250 grammes de *levure de grain en pain* (voir prix-courant Maison F. Victor Lebeuf) avec un litre d'eau froide, versez dans le jus et battez le tout pour bien mélanger ; versez ensuite dans ce jus une demi-cuillerée à café d'acide sulfurique étendu de 7 ou 8 fois son poids d'eau, laissez fermenter et distillez après fermentation.

Eaux-de-vie de grains.

Le seigle est généralement employé ; on peut néanmoins employer le blé, l'orge, l'avoine et le sarrazin. L'opération consiste à mélanger à votre grain un quart de son poids d'orge malté, moudre le tout grossièrement ; versez la farine dans son poids d'eau chauffée à 50 degrés, et laissez tremper pendant un quart d'heure ; après quoi, versez quatre fois autant d'eau que précédemment et chauffée à 65 ou 70 degrés ; agitez doucement de temps en temps et laissez le vase couvert pendant quatre ou cinq heures.

Le liquide sera propre à soumettre à la fermentation lorsque l'on verra que le mélange, de blanchâtre, épais et fade qu'il était, est devenu clair, d'une couleur plus foncée et d'une saveur sucrée ; si l'opération a été bien conduite, il ne doit pas y avoir plus de trois ou quatre fois d'eau, relativement au poids du grain. On soutire le liquide, qu'on ramène à 20 ou 25 degrés de chaleur, et on le soumet à la fermentation comme le jus de betteraves.

Le résidu de cette opération, c'est-à-dire ce qui est déposé au fond du vase, sert à la nourriture du bétail.

Pour plus de détails, demander le traité détaillé et pratique de distillation, par Valyn, contre 2 fr. 20 en timbres-poste adressés à M. Broquet, 121, rue Oberkampf, Paris.

Le méchage des fûts.

Cette opération est reconnue très utile pour le bon maintien des vins et l'entretien de la futaille, cependant elle nécessite certaines connaissances. Afin d'obtenir le résultat que l'on en attend, le méchage a pour but de chasser l'air vicié qui se trouve dans les fûts et de le remplacer par l'acide sulfureux. Pour une futaille que l'on veut conserver, il suffit de la rincer proprement, de la laisser sécher et de la bien mécher ; il n'en est pas de même lorsque l'on destine un fût à recevoir du vin, il faut toujours s'abstenir de le mécher lorsque les parois sont humides.

En général, il faut observer la plus grande prudence pour l'emploi de la mèche, lorsque cette opération consiste à assénir un fût destiné à recevoir du vin. 4 à 5 centimètres suffisent pour un fût de de 5 à 10 hectol. et 7 à 8 centimètres pour un fût de 10 à 20 hectol. Aussitôt que la mèche est brûlée, on retire le porte-mèche et on entonne le vin de suite afin qu'il fasse sortir la fumée ; en observant cette réserve, on arrivera toujours à un résultat certain.

Les soutirages.

Le soutirage a pour but de séparer les vins de leurs lies, et d'empêcher les fermentations secondaires qui pourraient se produire à l'époque des chaleurs, et cela au détriment du vin. On choisit pour cela le mois de février ou mars, un beau temps sec par un vent du nord ; il est connu que le froid est favorable à la clarification des vins, aussi choisit-on cette époque pour les soutirages, parce que par l'influence du froid, la lie qui contient les germes du ferment est précipitée dans le fond des fûts et y est à l'état mort, tandis que par l'influence d'une douce température, les germes du ferment tendent à remonter dans le vin et provoquent une nouvelle fermentation toujours nuisible.

Pour les soutirages, comme pour toutes manipulations des vins, il faut observer de ne pas laisser le liquide au contact de l'air ; lorsqu'il y reste, son alcool disparaît et est remplacé par l'acide acétique ; c'est pour éviter ces inconvénients que l'on a de tout temps recommandé les soutirages rapides et la fermeture hermétique des fûts qui contiennent le liquide ; le mode de soutirage qui consiste à tirer le vin dans des cuvettes, le verser de ces cuvettes dans une hotte ou tendelin, et de là dans un entonnoir placé sur le fût à remplir, quoique généralement employé dans nos vignobles, est en tout point défectueux. Par ce moyen, vous perdez du liquide, et le vin étant en contact avec l'air, accapare quantité de germes de ferments, de moisissures, etc., qui peuvent provoquer diverses altérations. C'est pourquoi on a recommandé la pompe, qui permet de passer le vin d'un foudre à l'autre au moyen de tuyaux et sans exposer le liquide à l'action de l'air vicié de la cave.

Quelque soit le mode de soutirage employé, il faut observer la plus grande propreté et les vases, brocs, tuyaux, etc., doivent toujours être passés à l'eau bouillante avant de s'en servir.

Le soutirage doit s'arrêter aussitôt que le vin paraît avoir perdu sa limpidité, du reste, il n'y a aucun intérêt à introduire du vin trouble avec celui qui est clair, puisqu'on a le moyen d'utiliser les lies soit pour les vins de raisins secs, ou par la distillation.

Par des soutirages soignés, faits en saison propice, le vin s'améliore et se conserve. Il est donc de l'intérêt des viticulteurs en général d'être outillés convenablement, les avantages obtenus sont toujours supérieurs à la dépense.

Les gelées printanières.

Pour combattre ou atténuer en grande partie les effets de ce fléau destructeur, on a conseillé divers moyens, tels que de semer du seigle, mettre des abris en paille d'avoine, un bout de planche fixé à l'échalas, du côté du levant, etc., on conçoit sans peine que ces moyens sont peu pratiques et qu'on est obligé d'y renoncer. Depuis plus de vingt ans on conseille les nuages artificiels qui ont été expérimentés dans plusieurs contrées et sous lesquels on produit des effets incontestables ; la température réchauffe peu à peu les jeunes bourgeons engourdis, le givre qui adhère à ces bourgeons se réduit en rosée, la gelée a ainsi perdu son effet, ce qui n'est pas de même lorsque les premiers rayons du soleil frappent directement ; la chaleur saisit les jeunes bourgeons et les fait sécher, il faut donc uniquement s'attacher à les garer des premiers rayons du soleil.

Les moyens les plus pratiques consistent à remplir des vases en terre d'une matière pouvant produire une fumée lourde et épaisse, telle que l'huile lourde provenant de la distillation du goudron. On dispose les vases de vingt mètres en vingt mètres, du côté où souffle le vent, et à quelque distance du vignoble, de façon que la fumée se répande sur toute la surface à protéger. Lorsque le thermomètre descend à zéro, on allume avec des torches avant le lever du soleil et on laisse ainsi jusqu'à ce que le thermomètre marque une température plus élevée.

Les résidus d'écorce de chêne ayant servi à la tannerie, employés seul ou mélangés au goudron produisent une fumée très épaisse.

Enfin, moyen simple et économique, amassez en petits tas les vieux sarments, ronces, mauvaises herbes, etc., allumez au moment où la gelée est à craindre, ces petits tas produiront d'excellents nuages artificiels.

Que tous les viticulteurs se liguent, que chacun y mette un peu de bonne volonté, au moyen des nuages artificiels, non seulement vous sauverez la vigne, mais aussi les arbres et les prairies artificielles et naturelles qui se trouveront sur le passage de la fumée, ce qui n'est pas sans importance dans bon nombre de pays.

Conservation des échalas.

Prenez une vieille futaille défoncée d'un bout, faites dissoudre du sulfate de cuivre ou vitriol bleu, à raison de 3 à 4 kilog. par hectolitre d'eau chauffée à 60 ou 70 degrés. Versez cette eau dans la futaille, introduisez vos échalas bottelés et faites-les baigner. Après 36 heures de submersion, retirez-les et faites-les sécher à l'ombre sans les débotteler. Pour que l'opération soit complète, lorsque les échalas sont secs on trempe le bout destiné à la terre, dans un bain chaud de goudron de houille, ou on brule ce bout au feu. Des échalas ainsi préparés sont restés dix et quinze ans sans être détériorés, de plus le sulfate de cuivre écarte les insectes qui pourraient porter atteinte à la vigne.

Le mildew.

Le mildew est un champignon microscopique qui se forme sous la feuille de la vigne lorsque les chaleurs humides le favorisent ; ce sont de petites taches blanches qui ressemblent à des floraisons de sel, la partie supérieure de la feuille devient brune à l'endroit qui correspond aux taches du dessous, on enlève facilement ces taches blanches en frottant avec le doigt. La feuille attaquée par le mildew brunit et finit par se dessécher.

Il est une autre maladie qu'il ne faut pas confondre avec le mildew, parce qu'elle est moins dangereuse et que les feuilles ne tombent pas. Elle apparait en dessous de la feuille sous forme de taches blanches, en vieillisant elle devient couleur de rouille et est revêtue d'une couche de poils luisants et entortillés. La feuille se boursouffle à l'endroit qui correspond aux taches blanches. Cette feuille devient d'un rouge vineux, mais ne tombe pas. Je ne fais mention de cette dernière que pour la faire distinguer du mildew.

Pour combattre le mildew, on recommande une bouillie composée comme suit :

Faites dissoudre 8 kilogrammes de sulfate de cuivre dans 100 litres d'eau. Dans un autre vase, faites fondre 15 kilogrammes de chaux grasse en pierre en versant dessus, petit à petit, 30 litres d'eau ; écrasez bien les grumeaux ; mélangez peu à peu ce lait de chaux avec la dissolution de sulfate de cuivre en agitant pour opérer le mélange, vous obtiendrez une bouillie claire bleuâtre.

Par un beau temps, vous remplissez un vase quelconque que vous tenez d'une main et de l'autre un petit balais de ramille ; vous trempez ce balai dans la bouillie et le secouez sur les feuilles de vigne, en ayant soin de marcher à reculons pour ne pas salir vos vêtements et de n'en mettre que le moins possible après les raisins ; il n'est pas nécessaire que toutes les feuilles soient traitées, il suffit que les feuilles supérieures en aient reçu quelques éclaboussures, la rosée fera descendre la dissolution sur les feuilles inférieures.

Le pulvérisateur si ingénieusement construit par la Maison Broquet, de Paris (*voir aux annonces*), est l'instrument qui convient le mieux pour l'application de ce remède ; vous travaillez avec sûreté, sans perte de liquide et sans risquer de salir vos vêtements.

S'il survenait une forte pluie peu de temps après l'application de ce remède, il faudrait recommencer, et le traitement doit être appliqué aussitôt que la maladie fait son apparition dans la région.

LES MALADIES DES VINS (1)

Les maladies des vins sont dénommées sous différents noms, suivant les localités ; souvent la même maladie porte plusieurs noms. Elles peuvent se classer en huit catégories :

1re Les vins aigres ou piqués ;
2e Les vins moisis ;
3e Les vins absinthés, tournés, noircis ;
4e Les vins à goût d'œuf pourri ;
5e Les vins gras et liquoreux ;
6e Les vins amers ;
7e Les vins décolorés ou éventés ;
8e Les vins à goût de chêne ou de bois.

Vins aigres ou piqués.

Lorsque l'on est en présence d'un vin qui tend à se piquer, ce que l'on reconnaîtra facilement à

(1) Voir aux annonces pour se procurer les divers produits œnologiques qui entrent dans le traitement des vins malades. Pour le méchage, on fera bien d'employer la mèche sulfurée au tanin.

Chaque boîte ou paquet contient l'explication pour le mode d'emploi.

l'odorat, il ne faut pas perdre de temps ; il faut de suite le soutirer dans un fût méché fortement, ajouter par hectolitre la dose indiquée anti-aigre, battre le tout fortement comme pour le collage deux fois par jour, pendant deux ou trois jours, après quoi, verser par hectolitre un ou deux litres d'alcool bon goût, pour remplacer celui que le vin a perdu ; à défaut d'alcool, y ajouter 15 à 20 litres de bon Roussillon ou de vin d'Espagne à 14 ou 15 degrés ; ajouter un bouquet quelconque et coller à forte dose.

Ainsi traité, ce vin peut être consommé de suite ; si on veut le conserver, on fera bien d'y ajouter, au moment du collage, 15 à 20 grammes d'œnotanin ou 15 à 20 grammes de conservateur œnantique par hectolitre.

Vins très aigres.

Ces vins ont, en grande partie, perdu leur alcool ; on peut les utiliser à faire du vinaigre ou les traiter comme suit :

Jetez dans un fût défoncé d'un bout et préparé comme pour la fabrication des vins de raisins secs : 30 kilog. de raisins secs par hectolitre de vin à traiter ; jetez votre vin sur ces raisins et laissez-les renfler pendant 24 ou 36 heures ; broyez ensuite vos raisins, et jetez avec 110 litres d'eau chauffée à 20 ou 25 degrés et sucrée à 12 kilog. de sucre pour les 110 litres ; faites un levain de lies, jetez-le dans la masse, délayez 50 grammes d'œnotanin dans du vin, brassez énergiquement pour bien opérer le mélange et abandonnez à la fermentation, en ayant soin de remuer tous les jours pour redonner de l'activité. La fermentation terminée, soutirez votre vin et entonnez-le dans un fût méché à forte dose ; ajoutez un bouquet (Bordeaux ou Bourgogne) et collez à forte dose. Lorsque le vin sera clair, il sera bon de le soutirer de nouveau dans un fût méché et de le mettre au frais.

Le marc de cette opération pourra servir à faire 110 litres de bonne piquette ou être soumis à la distillation.

Nota. — Les proportions de 110 litres d'eau indiquées ci-dessus s'entendent par hectolitre de vin à traiter. On devra donc ajouter autant de fois 110 litres d'eau sucrée qu'il y aura d'hectolitres de vin à traiter, et autant de fois 50 grammes d'œnotanin.

Vins moisis.

Soutirez dans un fût méché fortement, délayez la dose anti-moisi dans trois ou quatre litres de vin, entonnez cette dissolution dans le vin, et agitez énergiquement ; pendant trois ou quatre jours, et deux fois par jour, retournez le fût, ajoutez 20 à 25 grammes d'œnotanin et un bouquet (Bordeaux ou Bourgogne), collez à forte dose, et, après clarification, soutirez dans un fût méché de nouveau. Si après ce traitement le vin n'a pas entièrement perdu le goût de moisi, il faut ajouter une nouvelle dose Anti-moisi et un litre d'huile d'olive sans goût, agiter pendant un quart d'heure, et, le troisième jour, verser dans le fût du vin afin de faire sortir l'huile par la bonde.

Vins absinthés, tournés ou noircis.

Pour rétablir ces vins, il faut y ajouter par hectolitre 100 grammes d'acide tartrique et 15 à 20 grammes d'œnotanin. Versez une dose contre le vin absinthé, tourné ou noirci, en la délayant dans un ou deux litres de vin chaud. Ajoutez un bouquet quelconque et agitez fortement.

Si on possède des marcs frais de la vendange, on fera bien de jeter ce vin sur ces marcs, en y ajoutant trois à quatre kilog. de sucre par hectolitre. Soutirer après guérison dans un fût méché et y ajouter le bouquet.

Vins à odeur d'œufs pourris.

Cette maladie est due le plus souvent au méchage des fûts, lorsqu'il y reste de l'humidité et lorsque l'on n'entonne pas le vin aussitôt que la mèche est brûlée.

Le moyen le plus simple, et qui a toujours réussi, consiste à verser dans le vin un quart de litre de bonne huile d'olive par hectolitre ; agitez fortement, au besoin roulez le fût pendant dix minutes, et soutirez le lendemain pour en séparer l'huile d'olive qui a pris la mauvaise odeur. Ajoutez ensuite un bouquet.

Vins gras et liquoreux.

Introduire dans le fût, après l'avoir délayée, une dose anti-gras, battre le vin énergiquement pendant 20 minutes, soutirez dans une cuvette au grand air ; au fur et à mesure que le vin coule dans la cuvette, le fouetter avec un balai de ramilles bien propre, et le rentonner dans un fût méché légèrement, ajouter un bouquet (Bordeaux ou Bourgogne), s'il s'agit d'un vin rouge, ou un bouquet de Sillery, s'il s'agit d'un vin blanc.

Vins amers.

Versez dans le fût, après l'avoir délayée, la dose anti-amer, et par hectol. 70 à 80 grammes d'acide tartrique, fondu dans un demi-litre d'eau bouillante; délayez 10 grammes d'œnotannin par hectol. dans un peu de vin, versez dans le fût et agitez fortement, après 10 à 12 jours de repos, ajoutez un bouquet, et collez à forte dose.

Après clarification, vous pouvez mélanger ce vin avec du vin nouveau dans les proportions de 1/4 ou 1/2 de ce vin pour 3/4 de vin nouveau.

Vins à goût de chêne ou de bois.

Les vins contractent ce goût lorsqu'ils sont logés dans des fûts neufs n'ayant encore contenu aucun liquide.

Le remède en est indiqué par la maison F. V. Lebœuf.

Soutirez le vin dans des fûts ayant déjà contenu du vin et méchés à 2 ou 3 centimètres de mèche sulfurée au tanin, de préférence à toutes autres.

Ajoutez un bouquet, puis collez avec 1 ou 2 tablettes de gélatine œnantique selon l'intensité du goût, soutirez de nouveau après clarification dans des fûts ayant déjà contenu du vin. Si, malgré ce traitement, le vin avait encore un léger goût de fût, il faudrait le coller à la poudre épurative avant de le soutirer.

Vins décolorés ou éventés.

Il suffit de couper ces vins avec de bons vins noirs, de Rousillon, d'Espagne ou d'Italie, et d'y ajouter 20 à 25 grammes de conservateur œnantique par hectol.; Ajoutez un bouquet quelconque, et 10 à 12 jours après, collez à forte dose à la poudre anglaise.

Les bouquets préparés pour les vins sont généralement trop forts, on devra observer de ne jamais verser tout le contenu du flacon, avant de s'être rendu compte de l'effet produit ; car de même qu'il est nécessaire pour donner aux vins un arôme ; il serait nuisible si le bouquet était trop fort.

Je ne saurais terminer cet ouvrage sans mettre sous les yeux de mes lecteurs les observations de plusieurs savants sur l'usage de travailler les liquides, car il est bien certain que je rencontrerais bon nombre de contradicteurs, aux yeux desquels tout travail des liquides est une falsification ; d'autres observeront qu'en suivant ma méthode pour faire produire quatre et cinq fois plus de vin aux raisins, ils exposent leur vignoble à la critique du consommateur; à cela nous répondrons que la loi nous autorise et nous encourage pour suppléer au manque de récolte. Travaillez sérieusement , n'introduisez dans le vin aucune matière nuisible à la santé et vous porterez la tête haute, et les critiqueurs eux-mêmes se rendront à l'évidence. Que nos anciennes années d'abondances fassent leur réapparition et nous abandonnerons de grand cœur toutes ces méthodes, le soulagement sera pour nous au moins aussi grand que pour le consommateur. Quant au travail des boissons, les plus hardis critiqueurs n'arriveront jamais à le faire abandonner.

Les chimistes les plus célèbres, les œnologues les plus distingués ont démontré d'une manière irréfutable que le travail des liquides était utile, sinon indispensable, et la loi a sanctionné cette idée après eux. Ce serait donc perdre son temps que de revenir sur cette thèse et d'essayer de démontrer ce qui a été prouvé depuis longtemps.

Cependant, l'ignorance d'une part et les manies ridicules de certains écrivains de l'autre, ont cherché à faire croire le contraire et à effrayer les négociants et les viticulteurs étrangers à la science et aux prescriptions de la loi.

Pour eux, la clarification, le soufrage, les mélanges, le vinage, le bouquetage, etc. sont des falsifications.

La science et le temps commencent à faire justice de ces puérilités, et s'il est encore quelques écrivains qui usent leur plume à lutter contre ces faits pratiques et raisonnés, s'ils défendent les anciens usages, ce n'est plus que faute d'autre besogne. On ne croit plus à leurs déclamations, et leur prose surannée n'a même plus le mérite d'intéresser.

La loi a autorisé les coupages ou mélanges, certaines manipulations ayant pour but la coloration, la substitution d'une saveur et d'un bouquet à d'autres bouquets et saveurs, et cependant ces puritains crient à la fraude et au voleur ! Pourquoi cela ? D'abord faute d'avoir autre chose à dire ; ensuite parce qu'il y a toujours dix chances contre une d'être écouté quand on s'adresse aux ignorants et qu'on semble défendre leur cause.

L'homme sage et éclairé ne doit pas se préoccuper des sots préjugés ni des déclamations des écrivains sans ouvrage ; qu'il sache bien que la fraude et la falsification reposent seulement dans l'action qui consiste à diminuer la valeur d'une marchandise, mais jamais dans la manipulation inoffensive destinée à l'améliorer.

On rencontre encore assez souvent des gens qui ne veulent que des vins ordinaires naturels, c'est-à-dire purs de tous collages, mélanges, etc. A ceux-là, servez-leur du picolo au sortir de la cuve, avant que le temps, ce grand manipulateur, ait fait ce que la science de l'opérateur habile aurait fait en quelques mois, et laissez-les s'indigestionner à leur aise, ils trouveront encore assez de bonnes raisons pour vous prouver qu'il vaut mieux boire de la piquette que du bon vin.

A l'appui de ce qui précède, lisez ces quelques citations, dites ou écrites par les hommes de science et de pratique.

M. Lenoir, œnologue distingué, disait en 1828, à propos du bouquet donné artificiellement aux vins :

« Quant à l'arôme (bouquet), il ne manquera pas
« aux bons vins, soit que le sol le donne naturelle-
« ment, soit qu'on l'*ajoute*.

« Je sens que ce mot sonnera mal à beaucoup
« d'oreilles ; cependant, pour peu qu'on y réfléchisse,
« on s'apercevra de suite que de toutes les additions
« qu'on peut se permettre de faire aux vins, et on
« s'en permet beaucoup, c'est certainement celle qui
« changerait le moins les proportions naturelles des
« principes constants des vins.

« Cet arôme n'imitera jamais celui des grands vins « produits par les terrains privilégiés ! Qu'importe, « s'il est aussi agréable, et si surtout il est uni à une « saveur aussi parfaite.

« Mais ce ne sera plus du vin naturel ? A cela on « peut répondre par une observation bien simple et « dont tout le monde peut apprécier la justesse : c'est « que tout vin prend dans le tonneau où on le ren- « ferme dix fois, cent fois, plus peut-être, de matière « extrative du bois, qu'il ne faudrait y ajouter d'une « substance quelconque pour lui communiquer un « arôme très prononcé. »

Cette réflexion est très juste ; qu'on y réfléchisse un peu. Quelle est la sève des vins légers de Bordeaux, de Bourgogne, qui sont restés trois ou quatre ans en fûts ? Celle du tanin qu'ils ont extrait du fût.

Je citerai, à propos du bouquet, un extrait du rapport de MM. HOFFMANN et GIRARD, chimistes, sur l'emploi de certaines essences artificielles qui figuraient à l'exposition de Londres :

« Un examen chimique de l'*essence de cognac* (dit « M. Hoffmann) a démontré, d'une manière indubi- « ble, qu'elle donne le parfum même de l'eau-de-vie « de Cognac aux eaux-de-vie de médiocre qualité « (trois-six de grains, de betteraves, etc.).

« L'emploi de cette essence présente donc, au point « de vue économique, un grand intérêt.

« Paris, avril 1865.

« Signé : HOFFMANN, *Rapporteur*. »

Je citerai aussi le rapport de M. Ballard, membre du jury aux expositions de 1849 et 1855, et rapporteur à l'exposition universelle de 1855 :

« Or, ici, nous ne recommandons pas un moyen de « falsification, mais un moyon d'amélioration. De

« quoi s'agit-il, en effet ? D'une découverte qui a pour « objet et pour résultat, les preuves sont acquises, « d'améliorer les eaux-de-vie secondaires de toutes « provenances et de leur donner le goût et la couleur « des eaux-de-vie de cognac.

« Où est le mal ? car jamais il n'est venu à l'esprit « de l'inventeur de conseiller la vente de ces eaux- « de-vie *aux lieu et place de celles dont on leur* « *donne le bouquet et la saveur.*

« Après tout, qu'est-ce donc que l'eau-de-vie ? Un « produit fabriqué ; et pourquoi ne serait-il pas per- « mis de lui donner une qualité supérieure en lui don- « nant aussi de la coloration (et tout ce qui lui « manque).

« La nature a tout fait pour les grandes eaux-de- « vie, et a fait assez pour les bonnes ; elle leur a « donné parfum, agrément ; pourquoi l'art de l'homme, « qui travaille à améliorer tous les objets de sa con- « sommation, n'en ferait-il pas autant pour celui « qu'il destine à satisfaire sa soif (comme le vin), « besoin le plus impérieux après celui de la faim ? »

La vigne et les engrais.

J'ai donné à mes lecteurs le moyen d'augmenter le produit du raisin, je crois devoir leur donner aussi quelques conseils puisés aux sources les plus autorisées pour faire produire ou tout au moins améliorer le fruit que les caprices de la gelée et autres fléaux auront épargnés. Je veux parler des engrais.

Depuis longtemps on recommande aux viticulteurs et particulièrement aux cultivateurs d'employer les engrais chimiques ; bon nombre de sociétés agricoles se sont imposées de grands sacrifices pour encourager et vulgariser l'emploi de ces engrais, soit que le prix en soit trop élevé, soit que les personnes susceptibles de les employer manquent de connaissances suffisantes, l'usage de ces engrais n'avance que très lentement, c'est pourquoi je mettrais sous les yeux de mes lecteurs un article publié par le *Bélier* (dans son numéro du 12 décembre 1886), en lisant cet article avec attention ils se rendront un compte sommaire de l'avantage qu'il y a à employer ces engrais, d'un bon marché réel, pour toutes sortes de culture et pour la vigne en particulier.

Pour beaucoup de personnes, fumer la vigne est une utopie : La vigne, disent-elles, puise dans les profondeurs du sol les éléments minéraux nécessaires à sa fécondité.

Il est vrai, en effet, que la vigne n'est pas exigeante, qu'elle croit dans les terrains en apparence les plus ingrats ; mais à force de puiser dans le sol les éléments qui lui sont utiles, la vigne finit par les user complètement ; alors, qu'advient-il ? La vigne dépérit, devient faible, coule souvent, et est facilement attaquée par toutes les maladies et tous les parasites. (Nos vignobles, dans lesquels on a peu l'habitude de mettre des engrais, surtout des engrais chimiques, en ont malheureusement donné la preuve cette année : Le mildew a fait son apparition et s'est étendu avec une effrayante rapidité).

Il est donc nécessaire de connaître quels sont les besoins de la vigne et d'appliquer, sans hésiter, au sol qui la porte la méthode dite de la restitution.

D'après Boussingault, les produits (vin, marcs, sarments) d'un hectare de vigne contiennent :

Acide phosphorique.	7k.	17
Potasse	16	62
Soude.	0	15
Chaux.	12	50
Magnésie	3	37

et de l'azote dont la plus grande partie est contenue dans les feuilles et est restituée au sol par leur enfouissement.

Par l'analyse qui précède, on voit que l'acide phosphorique, la chaux, la magnésie et la potasse sont indispensables a la vigne. Or, comme ces éléments n'existent qu'en petite quantité dans la plupart des terrains, la vigne en épuise rapidement la réserve, si bien que si l'on veut entretenir indéfiniment la fécondité du sol, il faut lui restituer largement les éléments qu'on en retire dans les récoltes.

De nombreuses expériences ont déjà été faites sur l'emploi des engrais dans les vignes. Voici les principaux résultats constatés :

Les phosphates, c'est-à-dire l'acide phosphorique qu'ils contiennent, empêchent le coulage, hâtent la maturation des raisins et l'aoutage du bois. C'est, d'ailleurs, un fait bien connu que l'acide phosphorique développe considérablement la formation du sucre dans les fruits.

L'azote, dans les nitrates et les fumiers, est plutôt nuisible qu'utile à la vigne, parce qu'il la fait s'emporter, pousser en vert et empêche le bois de mûrir : les vignerons disent alors que la vigne est folle. Les fumiers employés en grande quantité, surtout le fumier de moutons, ont aussi l'inconvénient de modifier d'une façon désagréable le bouquet des vins.

La potasse n'a jamais été employée avec avantage

que quand on la donne en même temps que l'acide phosphorique : Elle aide alors puissamment à la formation et à la maturité des raisins.

La chaux a toujours bien réussi surtout dans les terrains argileux et compacts, mais à la condition qu'on n'en force pas la dose.

La conclusion de ce qui précède est facile à tirer :

Il faut répandre dans le sol des vignes de l'acide phosphorique, de la chaux, de la potasse et de la magnésie.

La potasse ne doit pas s'employer seule ; il ne faut pas abuser des fumiers, des engrais azotés ni de la chaux vive. Quant à l'acide phosphorique contenu dans les phosphates, on peut l'employer en toutes proportions.

Il nous reste à indiquer quelques sources économiques de ces engrais.

On peut se procurer la potasse dans les divers sels de potasse : sulfate, chlorure, etc., ou mieux encore, sans frais, dans les cendres, les eaux de lessive et de savonnage qu'on a l'habitude de jeter comme ne pouvant servir à rien.

Chacun sait où se procurer de la chaux ; mais cela est coûteux. Ce qui ne coûte rien c'est de recueillir avec soin ce qui tombe des échafaudages des plâtriers et les vieux plâtres qui contiennent de la chaux à l'état de sulfate. Il suffit de les faire sécher, de les pulvériser grossièrement et de les répandre à la volée.

L'acide phosphorique se trouve dans les phosphates naturels ou artificiels, les os brûlés, etc. ; il se trouve uni à l'azote dans les urines, les vidanges, la poudrette, etc., mais l'emploi de ces derniers produits n'est pas recommandable dans les vignes.

L'acide phosphorique, la chaux et la magnésie se trouvent naturellement réunis dans le PHOSPHATE EXTRA-CALCAIRE et la CHAUX PHOSPHATÉE, tirés des scories de déphosphorrtion de la fonte. Nous en recommandons l'emploi dans les vignes à cause de leur extrême bon marché (1).

On les sème à la volée à raison de 1,000 kilos à l'hectare. On peut sans inconvénient porter cette quantité jusqu'à 2,500 kilos ; ce qui n'est pas absorbé par les plantes la première année, reste sans perte en réserve dans le sol pour les années suivantes.

Le phosphate extra-calcaire ne coûte que **2 fr. 25** à **3 fr. 05** les 100 kilos suivant sa richesse en acide phosphorique, et la chaux phosphatée, **1 fr. 65** seulement. Avec un sac de 100 kilos, on peut largement fumer 10 ares de vigne.

En règle générale, les engrais doivent être répandus avant ou immédiatement après les diverses cultures, afin de les faire pénétrer dans le sol et de les mettre le plus tôt possible au contact des racines.

---

(1) Nous ferons observer que le phosphate extra-calcaire réussit très bien pour les céréales : le houblon, le tabac, les pommes de terre, les topinambours, les betteraves, les prairies naturelles et artificielles, etc., parce que toutes les plantes ont besoin d'acide phosphorique.

MAISON FONDÉE EN 1853

GRANDE MÉDAILLE D'OR — RÉCOMPENSE UNIQUE — 

LYON, 1873

SAINT-DIZIER, 1862

MARSEILLE, 1874

AMÉLIORATION, CLARIFICATION & FABRICATION

— DES —

VINS, EAUX-DE-VIE ET LIQUEURS

PAR LES PRODUITS ŒNOLOGIQUES

— DE —

F. VICTOR LEBEUF & CIE

55, Rue de Pontoise, 55

A ARGENTEUIL-LES-PARIS

(Seine-et-Oise).

Bouquet des vins. — Préparation pour imiter les bons vins de tous les crûs. Un flacon suffit pour 230 litres sève de Médoc Saint-Julien, 1 fr. 25. — Extrait de Bordeaux, 2 fr. — Pomard et Vougeot, 3 fr. — Beaune, 3 fr. — De vins de Champagne, 2 fr. — Sève beaujolaise, 2 fr. — Tous les autres, 2 fr.

Vins de liqueurs. — Parfum pour la fabrication de tous les vins de liqueurs tels que *Madère*, *Alicante*, *Xérès*, *Porto*, *Muscat* et tout autre ; le flacon pour 100 litres. . . . . 5 »

Levure en pains (1 kil. représentant 8 litres de levure liquide, ne s'expédie qu'en grande vitesse pour éviter son altération). 2 50

Teinte Bordelaise, sans fuschine, pour colorer les vins factices de raisins secs, les vins à l'eau sucrée, les sirops, les limonades et les cassis. *Donnant à l'analyse chimique les mêmes principes que ceux contenus dans le vin naturel, l'alcool excepté.* Nous n'expédions pas au-dessous de 5 à 6 litres. Le litre nu et net 1 10

Par 100 litres, fût en plus, le litre nu et net. . . . . » 95

— 220 — — — — . . . . . . » 90

Durcisseur des vins contenant les acides, les sels et le tanin du vin, pour relever les vins fades, ranimer les vins plats, usés et peu alcooliques ; le paquet de 230 litres. . . . . 3 »

Le kilog. pour 4 pièces. . . . . 10 »

Benzoline-Lebeuf, supérieure à toutes les benzines, le flacon. . . . . 1 »

Essence de Vinaigre, type d'Orléans. (En versant un litre de cette essence dans six litres d'eau on obtient un très bon vinaigre. Cette essence s'emploie aussi pour remonter les vinaigres de bière, de vin, etc., les clarifier et leur donner du montant.) Le litre nu. 1 60

Essence de Café pour café à l'eau, café au lait, pour boisson rafraîchissante, crêmes et bonbons, le flacon pour 25 tasses, 1 fr. 20 ; les 12 flacons, net. . . . . 14 »

Essence d'eau de Javelle. Avec un flacon de 2 litres versé dans 50 litres d'eau on obtient une excellente eau de Javelle. Le flacon. 2 50

Mèches sulfurées au tanin, *parfumées*, le kilo. . . 1 »

Mèches soufrées perfect., le kilo net, 60 centimes ; à la *violette* . . . . » 70

Fouloir à vendange. . . . . 160 »

Pressoir universel, depuis 190 fr. jusqu'à 2,000 fr.

Voir notre Catalogue général pour tous les autres ustensiles de cave, prix *franco*. . . . . 1 »

Pour plus amples renseignements sur la **Fabrication des Vins factices,** se reporter à notre ouvrage :

Le **TRAVAIL DES BOISSONS,** nouvelle édition, avec son ANNEXE, franco par la poste. 4 10

Raisins secs, Corinthe, extra. 65 à 70

— **Thyra** . . . . 60 à 65

Baies de sureau sèches 3 50

Conservateur œnanthique ou poudre conservatrice des vins, du cidre, etc., le demi-kilog pour 25 à 30 hectolitr. 5 »

Sucre cristallisé n° 3 . . . . 1 10

Sucre glucose, façon raisin. » 60

Acide tartrique en cristaux. 5 »

Tanin œnanthique pur . . . . . . 12 »

Pulvérine Lebeuf, perfectionnée, clarifie tous les vins, supérieure à ce qui a été fait jusqu'à ce jour; dissolution à l'au froide, le demi-kilog, composé de 16 petits paquets de 32 grammes (un pour une pièce de 230 litres). . . . . 4 »
1 paquet pour une pièce. . . . . » 25

Poudre anglaise. Clarifie tous les vins, le demi-kilog pour 65 à 80 hectolitres. 5 »

Poudre parisienne. Clarifie les vins rouges ou blancs, les eaux-de-vie, rhums, vinaigres, etc., le 1/2 kil. pour 30 hect. 2 50

Bouquet de raisin ou de cognac. Donne aux eaux-de-vie de betteraves ou de grains le goût et le bouquet des eaux-de-vie de cognac. Le flacon pour 1 à 2 hectolitres . . 7 fr. »

Caramel-cognac extra-fin. Donne aux eaux-de-vie la couleur des cognac vieux. Le litre, verre compris, net. . 1 fr. 50

Essences de rhum, de kirsch, de genièvre, pour en faire avec de l'alcool. La dose pour 50 à 75 litres. . . . . 5 fr. »

Essences d'eau-de-vie de marc, de cidre, de quetsch, pour en faire avec de l'alcool. Le flacon pour 1 hectolitre. . 5 fr. »

Gélatine œnantique inaltérable, pour la clarification générale et immédiate des vins rouges et blancs, de la bière, du cidre, etc. Le demi-kilog. . . . . 3 fr. »

Poudre épurative, pour enlever les goûts de terroir, coller les vins malades et leur permettre de prendre le bouquet. Le demi-kilog. pour 10 hectolitres . . . . 2 fr. 50

DOSAGES PRÉPARÉS POUR VINS-PIQUETTES

Par **F. Victor LEBŒUF,** à Argenteuil (Seine-et-Oise).

Beaucoup de personnes ignorent le moyen de faire un bon vin de raisin secs (dit piquette) ou ne possèdent que des données insuffisantes ou erronées, nous avons cru leur être utile, en réunissant dans une caisse : raisin, sucre, couleur, acides, tanin, etc.; en un mot, tout ce qui est indispensable à une bonne fabrication. Ces caisses contiennent les quantités nécessaires pour une barrique, une demi-barrique et un quart de barrique.

Dans chacune d'elles portant nos noms, nous avons joint les instructions sur la manière d'opérer.

Cette façon de procéder évitera les ennuis de détail de chacun de ces objets.

Ces caisses valent :

Corinthe.	Caisse pour	225	litres. . . .	30 francs.
—	— —	115	—	16 —
—	— —	55	—	8 —
Samos ou Thyra.	— —	225	—	25 —
—	— —	115	—	13 —
—	— —	55	—	7 —

Ces prix sont nets et sans remise.

FABRICATION DES VINS FACTICES

Par F. Victor LEBEUF et Ce, 55, rue de Pontoise, à Argenteuil près Paris (Seine-et-Oise).

REFERMENTATION DES MARCS

Fabrication des Vins à l'eau sucrée et des Piquettes.

Depuis quelques années, un grand nombre de centres viticoles ne récoltent plus que très peu de vin. Certains propriétaires désespèrent même de vendanger l'année prochaine, tant le phylloxéra a prit d'extension ; il est donc tout naturel d'utiliser le mieux possible les marcs qui sont presque généralement négligés. En traitant ceux-ci convenablement, on peut en tirer une piquette très passable et même un *second vin* dont on peut régler le degré alcoolique à volonté, en augmentant ou en diminuant le poids du sucre.

Un grand nombre de propriétaires-viticulteurs nous demandent une formule de boisson économique et hygiénique pour leurs ouvriers et aussi pour eux ; nous nous empressons de satifaire à leurs désirs :

Voici les matières qui servent à la fabrication des *piquettes* et des *vins de sucre*, dits à l'*eau sucrée :* 1° le marc de raisin ; 2° l'eau ; 3° le sucre. Le sucre de canne, de betterave, blanc, raffiné est le meilleur. Sa cherté en défend l'usage pour les vins à bas prix. A défaud de sucre raffiné, on emploie du glucose massé ou sucre de fécule de pomme de terre, de maïs, mais jamais de mélasse, en raison de son goût *sui generis*.

Pour donner un degré d'alcool à 100 litres d'eau, il faut employer 1 kilog. 700 grammes de sucre raffiné, ou bien 2 kilogr. 250 grammes de glucose massé ; pour du vin devant avoir 9 degrés d'alcool, il est indispensable d'ajouter 15 kilog. 300 grammes de sucre blanc, ou bien 20 kilog. de glucose massé. On peut remplacer le sucre raffiné par le sucre de betterave, n° 3, qui est très blanc, pur et un peu moins cher ; par de bonnes cassonades de cannes blanches ou peu colérées. Le *sucre glucose de maïs*, façon *raisin*, est meilleur que celui de fécule et coûte un peu plus cher. Avec l'indication des proportions ci-dessus, on peut faire de la piquette, ou du vin au degré alcoolique qu'on désire. Il est prudent de ne pas dépasser 10 degrés et de ne pas descendre au-dessous de 5.

Dose pour un hectolitre.

Marc frais, sortant de pressoir (ou mieux non pressuré, pour éviter un mauvais goût au deuxième vin)...............	40 kilog.
Sucre de glucose, façon raisin..........	20 —
Eau potable.............................	100 —
Teinte bordelaise sans fuschine ; donnant une couleur identique à celle du raisin *pour colorer et conserver*...............	5 —
Durcisseur des vins (contenant les sels et le tanin du vin).........................	250 gr.
Acide tartrique............................	100 gr.

Mode d'emploi.

1° On desserre le marc, soit à la main, soit à la fourche, et on le place dans la cuve, puis on verse dessus 60 litres d'eau potable.

2° On fait fondre le sucre de glucose *à sec* dans une chaudière, et lorsqu'ils est fondu on y ajoute la *Teinte Bordelaise* et 10 litres d'eau ; on mélange et on jette le tout sur le marc.

3° On verse ensuite dans la chaudière les 30 litres d'eau restant, on y fait dissoudre le *Durcisseur des vins* et l'acide tartrique : puis, après dissolution complète, on verse le tout dans la cuve et on brasse.

En opérant ainsi, le degré de la température se trouve entre 25 et 30 degrés, et la fermentation s'établit aussitôt. On foule le marc deux ou trois fois par jour, et, lorsque la fermentation a cessé, on soutire et on presse.

On peut obtenir encore une excellente piquette, en ne pressurant pas le marc refermenté et en versant par-dessus 60 litres d'eau potable qu'on laisse séjourner pendant huit à dix jours.

N. B. — *On peut également faire refermenter les marcs de cidre et poirés ; mais, dans ce cas, on supprime la Teinte Bordelaise et on la remplacer par 100 à 150 grammes de caramel-cidre.*

La fabrication des vins à l'eau sucrée et des piquettes est une opération licite, utile à beaucoup de gens dans les années de cherté de vin. Il est permis d'en fabriquer et d'en vendre ; mais le vendeur est obligé de faire connaître à l'acheteur ce qu'il lui vend, de déclarer que ces vins sont faits à l'eau sucrée.

Il est expressément défendu de les vendre pour du vin, sous peine de poursuites correctionnelles pour tromperie sur la nature de la marchandise vendue. Ainsi donc, les piquettes et les vins à l'eau sucrée doivent être vendus pour ce qu'ils sont et sous leur nom véritable de piquette ou de vin à l'eau sucrée.

VIN DE SUCRE

Dosage pour un hectolitre de vin factice.

Sucre façon raisin	20 kilog.
Eau froide	70 litres.
Eau bouillante	30 litres.
Durcisseur des vins rouges	250 gr.
Acide tartrique	100 gr.
Teinte bordelaise	5 litres.
Levure de grains en pains	500 gr.

Mode d'emploi.

Couper le sucre en morceaux, le faire fondre à sec dans une chaudière comme il est dit ci-dessus. Faire dissoudre le durcisseur dans les 30 litres d'eau bouillante, verser ce liquide dans un fût contenant déjà 65 litres d'eau froide.

Délayer séparément les 500 grammes de levure dans un litre d'eau froide ; s'assurer, avant de le verser dans le fût, que la température n'est pas plus élevée que 30 degrés, afin de ne pas détruire par une chaleur trop forte les germes de la fermentation contenue dans la levure.

Verser alors ce litre dans le fût, agiter le tout intimement et l'abandonner au repos dans un lieu où la température soit la plus élevée possible (15 à 30 degrés si cela se peut). Pendant les premiers jours, agiter le liquide avec un bâton et remplir ensuite le fût jusqu'à la bonde : le liquide entrera alors en fermentation, laquelle durera six à quinze jours, selon l'élévation de la température de l'endroit où sera placé le fût. La bonde doit rester ouverte pendant la durée de la fermentation.

Lorsque la fermentation sera terminée, ce dont on pourra s'assurer en mettant l'oreille sur la bonde, et que l'on n'entendra plus les bulles d'acide carbonique venir se dilater à la surface du liquide, on laissera le fût en repos, et le vin s'éclaircira insensiblement et se comportera absolument comme cela a lieu pour les vins nouveaux. Lorsque sa limpidité sera passable, on soutirera alors le vin dans un fût soufré à un centimètre de *mèche sulfurée* par hectolitre, et on le collera pour achever de l'éclaircir.

Le sucre de raisin est en pains de 20 kilogrammes l'un, qui est la dose nécessaire pour préparer un hectolitre de vin : ce produit se conserve indéfiniment, et peut être employé en toute saison. — Nous l'expédions de préférence concassé en sacs de 50 kilogrammes.

Il n'en est pas de même du ferment, qui a l'inconvénient de s'altérer assez promptement : aussi est-il utile de l'employer aussitôt réception, afin qu'il ne perde aucune de ses propriétés.

Préparé avec soin et dans de bonnes conditions, dans les proportions ci-dessus indiquées, on obtient un vin de parfaite qualité, contenant 8 °/° d'alcool, développé par la fermentation naturelle de ce sucre de raisin.

On active et on améliore sensiblement cette préparation dans les pays vignobles lorsqu'on verse ce liquide sur des marcs de raisin dont le vin vient d'être exprimé, et en laissant fermenter sur ces marcs frais.

N. B. — *On peut réduire d'un quart la quantité de sucre indiquée plus haut, quand on n'a pas de marc à sa disposition, et le remplacer par 10 kilogrammes de raisin.*

Traitement des marcs par les raisins secs 2mes cuvées.

Ce procédé est le seul qui ressorte des lois naturelles et ses produits, possédant par eux-mêmes leurs éléments constitutifs, n'ont nullement besoin de les emprunter aux sucres divers. Un propriétaire désireux d'augmenter ses récoltes peut renoncer aux procédés de MM. Chaptal et Petiot, et n'employer que les raisins secs, au lieu du sucre que ces savants préconnisaient jadis.

Il nous reste maintenant à indiquer la marche à suivre pour conduire à bien l'opération.

Après qu'il a soutiré son vin, le vigneron à l'habitude de jeter sur ses marcs une certaine quantité d'eau. Il obtient ainsi un demi-vin d'une valeur assez appréciable, puisqu'il contient encore, quoique à un degré moindre, tous les principes essentiels à la nature du premier. Nous voulons parler de la piquette. Cette boisson n'est pas sans anologie avec les vins des vignobles pauvres. Elle est, comme ces derniers, susceptible d'être relevée par l'emploi des raisins secs.

Dès que le soutirage de la première cuvée est achevé, on doit, sans aucun retard, procéder a la deuxième et jeter sur les marcs les éléments qui lui sont nécessaires. Nous disons sans aucun retard ; car, si l'opération était renvoyée, les marcs aigriraient ou prendraient mauvais goût et ne rempliraient plus notre but.

Si nous avons obtenu du soutirage 35 hectolitres de vin, nous les remplacerons par 27 hectolitre d'eau froide d'abord et 7 hectolitres d'eau bouillante ensuite ; *pour la couleur,* on ajoute 175 litres de **teinte Bordelaise**, 2 kilog. d'acide tartrique et 2 kilog. de **tanin œnanthique** qu'on a fait dissoudre dans l'eau bouillante.

Afin d'obtenir un bon degré alcoolique, nous mettrons de 28 à 30 kilog. de raisins secs pour un hectolitre d'eau, soit 1,000 kilog. pour 35 hectolitres qu'on a dû faire macérer préalablement comme il est indiqué à l'article suivant : *Fabrication de Vin de raisins secs.* Ce mélange doit produire un vin de bonne qualité.

Cette deuxième cuvée doit être conduite comme la cuvée des raisins frais. Laisser fermenter, soutirer après que l'effervescence a cessé, presser les marcs, ou bien faire de la piquette si l'on veut ; en un mot, le vin de marc comme le vin de vendage.

Le vin ainsi obtenu n'est pas moins bon que le premier ; il est même possible qu'il y ait intérêt à les mélanger, pour les améliorer l'un par l'autre. Mais il est toujours temps pour faire cette opération.

Les raisins secs peuvent servir à fabriquer du vin sans être mêlés aux raisins frais ; mis en macération dans l'eau seule, comme nous allons le dire, on obtient un vin très sain et peu coûteux, qui constitue une véritable ressource pour la plus grande partie des consommateurs.

FABRICATION DU VIN DE RAISINS SECS

Il suffit de mettre les raisins secs en macération dans une quantité d'eau, dans le rapport de 3, 4 ou 5 litres d'eau pour un kilog. de raisins secs, suivant que l'on veut obtenir un vin plus ou moins élevé en degrés. On peut calculer d'avance le degré que le vin doit posséder, puisque la quantité de sucre contenue dans le raisin est connue. Les raisins secs ont une quantité de sucre équivalente à 32° alcoolique environ par 100 kilog.

Partant de cette base, si l'on met 300 litres d'eau sur 100 kilog. de raisins, on obtiendra un vin de 10° 1/2 ; si l'on met 400 litres, on obtiendra 8° ; si l'on met 500 litres, on obtiendra 6° 1/2.

Pendant la macération, comme pendant la fermentation, il faut agiter les matières une ou deux fois par jour, afin de rendre le mélange plus homogène.

La fermentation ne commence guère qu'après deux jours de macération. Elle dure de quatre à six ou huit jours, suivant qu'elle a plus ou moins d'activité ; ce qui fait six ou huit jours, en comptant les deux jours de macération. Du reste, on reconnaît que la fermentation est achevée lorsque toute effervescence a cessé.

La fermentation ayant pour effet d'occassionner l'effervesconce et la dilatation, on doit remplir le foudre ou la cuve aux neuf dixièmes, afin d'éviter la perte d'une partie du liquide.

Aprés la fermentation vient le soutirage. On devra prévoir cette opération avant la mise en fermentation et protéger l'ouverture intérieure du robinet contre les matières qui pourraient l'obstruer. Pour cela, il faut l'entourer d'un panier *ad hoc ;* ou, s'il s'agit d'une cuve, de quelques fagots de sarments.

Dès que la partie liquide est ainsi transvasée dans des fûts méchés à raison de un centimètre de *mèche sulfurée* par hectolitre, on presse les marcs dont le produit est ajouté au reste et on clarifie avec 20 grammes de *poudre Parisienne.*

Après quelques jours de repos, on soutire de nouveau dans un fût méché, avec 1 ou 2 centimètres de *mèche sulfurée au tanin.*

RÈGLES GÉNÉRALES A SUIVRE. *On doit faire la macération pendant 2 jours avec les 3/4 d'eau froide à employer ;* on écrase les raisins gonflés soit avec un pilon en bois, soit avec un fouloir ; on jette le tout dans la cuve ; puis on porte à l'ébullition l'autre quart d'eau, en y ajoutant, pour donner la couleur, 5 litres de **teinte Bordelaise** *par hectolitre,* 50 grammes d'acide tartrique et 50 grammes de tanin œnanthique.

Les vins de raisins secs additionnés de 10, 15, 20 et 30 0/0 de vins de raisins frais constituent un très bon vin ordinaire, dont le prix est essentiellement réduit.

PIQUETTE

Dans les lignes qui précèdent nous avons fait allusion à la *piquette,* boisson hygiénique que les vignerons considèrent comme un supplément de récolte et qui est d'une grande utilité dans leur ménage.

La piquette est le produit des marcs additionnés d'une quantité d'eau équivalente à leur double volume. Après quelques jours de fermentation cela donne un petit vin aigrelet, très désaltérant et non dépourvu d'agrément. Les cultivateurs font grand cas de ce petit vin ; on le trouve souvent sur la table, dans les meilleures fermes, toujours sur celle des ouvriers.

La piquette est un vin très économique que les ouvriers des grandes villes ne recherchent pas moins que ceux de la campagne. Mais il n'ont pas les mêmes ressources que ces derniers ; ils n'ont pu jusqu'à ce jour se la procurer que pendant la saison des vendanges.

Aujourd'hui, toute difficulté disparaît et l'ouvrier des grandes villes, grâce aux raisins secs, pourra toujours avoir dans sa maison une excellente boisson très peu coûteuse, et qu'il pourra fabriquer à volonté.

Manière de fabriquer la piquette de raisins secs.

Prenez un fût de 50 litres environ, bien franc de goût ; mettez 1 kilog. de raisins secs pour 4 litres d'eau, soit 10 kilog. pour 40 litres d'eau ; mettez 30 litres d'eau froide, 2 litres **teinte Bordelaise** *inoffensive* pour la couleur et 10 litres d'eau bouillante. Remplissez votre fût d'eau, mélanger et laisser fermenter bonde ouverte. Cette opération se fait plus ou moins lentement, suivant que la saison est plus ou moins chaude ; en été, six jours y suffisent ; en hiver, il en faut à peu près dix à douze. Lorsque la fermentation est terminée on place la bonde et on pratique un trou de fausset à côté d'elle pour donner passage à l'air au moment du soutirage.

Passé ce temps, on peut user de cette boisson. On met au fût un robinet de bois et on tire au fur et à mesure de ses besoins, en ayant soin de remplacer par de l'eau la quantité que l'on a tirée, afin que le fût reste toujours plein.

Un fût de 50 litres plein fournira facilement 100 litres de boisson et ne coûtera que 8 à 10 francs. Les 50 premières bouteilles seront un véritable vin, aussi bon que celui que l'on paye 45 centimes dans les débits. Sa valeur diminuera insensiblement, jusqu'à ce qu'on juge opportun de renouveler l'opération.

Il y a donc avantage, sous tous les rapports, à doter son ménage de cette boisson peu coûteuse, très hygiénique, très agréable et très économique.

Notre but est de vulgariser la fabrication et la consommation des vins de raisins secs, notre unique ressource pour suppléer à l'insuffisance de nos récoltes, à une époque où, par suite de nos habitudes, le vin est devenu pour tout le monde et surtout pour la classe ouvrière un objet de première nécessité.

Avis important. — *Nous engageons nos Clients à se défier* *de certaines* Poudres colorantes, Caramels ou Couleurs rouges liquides *qu'on vend dans le commerce, et qui ne pas autre chose que des* composés prohibés *de couleurs d'Aniline ou des dérivés de la Fuschine.* — Nous renseignerons *nos* Clients sur ces produits s'ils veulent envoyer un échantillon *franco et 5 francs en timbres-poste pour l'analyse.*

Conditions d'expédition pour le tarif des raisins secs et articles s'y rapportant.

On expédie contre remboursement aux frais du destinataire. Les frais de retour d'argent sont à notre charge. — Les demandes de l'Etranger ou des colonies doivent être soldées, a l'avance, en billets de banque ou en un mandat à vue sur Paris.

Ecrire Franco à MM. F.-VICTOR LEBEUF et Cᵉ, chimistes, 55, rue de Pontoise-Prolongée, à Argenteuil, près Paris. — Bien indiquer sur l'adresse de la demande les mots : *F.-VICTOR LEBEUF et Cᵉ, fabricants de produits chimiques*, pour cause d'homonymes.

Tous nos envois, *pour les départements et l'étranger* partent d'Argenteuil pour éviter les droits d'octroi de Paris. — **Indiquer la gare d'arrivée pour éviter les retards ou erreurs,** *même après plusieurs demandes,* **ainsi que les nom, adresse et bureau de poste qui dessert la localité.**

NOTA. — *Jusqu'à 10 kilos, les colis expédiés par grande vitesse ne coûtent pas plus et arrivent plus rapidement.* — Les échantillons et petits colis sont expédiés suivant le tarif des *colis postaux* et *non postaux.* — **A partir de 10 kilos nous expédions en petite vitesse à moins d'ordre contraire.** — *Les échantillons au-dessous de 50 fr. ne s'expédient pas en remboursement ; ils doivent être payés d'avance en un mandat de poste ou timbres-poste de 15 centimes non séparés pour les sommes au-dessous de 10 francs.*

Le phosphate extra-calcaire est finement pulvérisé, il est livré en sacs plombés de 100 kilos.

Toute demande inférieure à 5,000 kilos est envoyée contre remboursement ; les sacs, facturés 0 fr. 50, ne sont pas repris.

Pour les commandes de plus de 5,000 kilos, les sacs sont repris au prix de facture, s'ils sont renvoyés à l'usine, en bon état, franco de port et de camionnage, dans le délai d'un mois. (La compagnie de l'Est transporte gratuitement les sacs en retour.) Les sacs déchirés ne sont pas repris ; ceux qui seront renvoyés à l'usine ne seront pas déduits.

Tous nos sacs sont revêtus de notre marque de fabrique. Cependant, à la demande de nos clients, nous expédions en sacs non marqués. Les sacs non marqués ne sont pas repris.

Il faut avoir soin de préserver les sacs de l'humidité, car son action ferait foissonner et gonfler la chaux libre : les sacs se déchireraient.

En cas de contestation sur la teneur en acide phosphorique totale indiquée sur facture, il serait fait une prise d'échantillon et une analyse contradictoire : Le prix de la livraison sera établi conformément au tarif ci-dessus d'après la teneur trouvée à l'analyse.

Nous ne garantissons pas de pouvoir toujours expédier la teneur demandée.

Chaux phosphatée.

Chaux, 50 à 55 0/0. — Acide phosphorique, 6 à 12 0/0. — Magnésie.

Prix des 1,000 kilos, en vrac, en gare de Pont-à-Mousson ou à l'usine, **16** fr. **50**.

La chaux phosphatée est livrée en sacs moyennant une augmentation de 0 fr. 50 par 1,008 kilos.

Mêmes conditions que ci-dessus pour les sacs.

Nous tenons aussi à la disposition des cultivateurs tous les engrais azotés ou potassiques et les mélanges dont ils pourraient avoir besoin.

Adresser les commandes et les demandes de renseignements à M. E. CABASSE, *ingénieur à Pont-à-Mousson.*

NOUVEL ALAMBIC-BRULEUR

FIXE OU BASCULANT

Breveté S.G.D.G. Système DEROY

Donnant de l'eau-de-vie en une seule distillation sans repasse.

FONCTIONNEMENT GARANTI

Cet appareil, d'une simplicité remarquable et d'un prix très modéré, s'emploie pour distiller les vins, les cidres, les poirés, les piquettes, les marcs de raisins, de pommes, de poires, les fruits divers, les lies et moûts de toute nature, les eaux de cires, les céréales, les tubercules et toutes autres matières fermentées, ainsi que pour la distillation des graines et plantes aromatiques, des fleurs, etc. — La chaudière, dont la forme intérieure est cylindrique, peut servir à tous les usages domestiques et industriels d'une ferme, d'un vignoble ou d'une propriété, tels que la cuisson des aliments pour les bestiaux, le chauffage du lait, la préparation des fromages, le coulage de la lessive, la fonte des cires, la fabrication des cristaux de tartre, etc.

Transformation des anciens appareils.

DEROY FILS AINÉ

CONSTRUCTEUR D'APPAREILS DE DISTILLATION

13, 15 et 17, rue du Théâtre à Paris-Grenelle.

ENVOI FRANCO DU CATALOGUE GÉNÉRAL ILLUSTRÉ

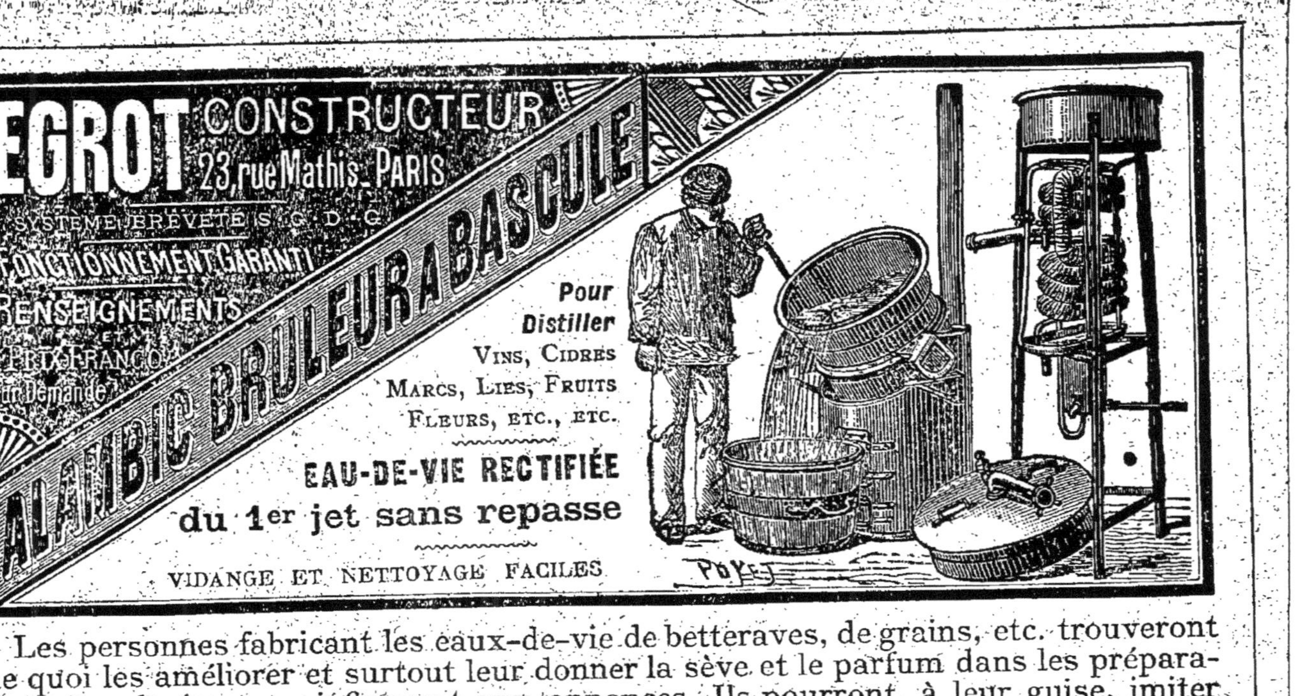

Les personnes fabricant les eaux-de-vie de betteraves, de grains, etc. trouveront de quoi les améliorer et surtout leur donner la sève et le parfum dans les préparations œnologiques qui figurent aux annonces. Ils pourront, à leur guise, imiter les cognac, rhum, kirsch, etc., et cela dans des conditions de bon marché exceptionnel.

Nancy. — Imp. Voirin, rue de l'Atrie, 24 bis.

www.ingramcontent.com/pod-product-compliance
Ingram Content Group UK Ltd.
Pitfield, Milton Keynes, MK11 3LW, UK
UKHW021013200726
13857UKWH00004B/1424